U0836355

梦醒录

警语人生

三笑 著

苏州大学出版社

图书在版编目(CIP)数据

警语人生/三笑著. —苏州:苏州大学出版社,2012.8(2014.9重印)
ISBN 978-7-5672-0210-8

Ⅰ.①警… Ⅱ.①三… Ⅲ.①人生哲学—通俗读物 Ⅳ.①B821-49

中国版本图书馆CIP数据核字(2012)第201972号

梦醒录:警语人生
三 笑 著
责任编辑 金振华

苏州大学出版社出版发行
(地址:苏州市十梓街1号 邮编:215006)
苏州恒久印务有限公司印装
(地址:苏州市友新路28号东侧 邮编:215128)

开本787 mm×1 092 mm 1/32 印张3 字数41千
2012年8月第1版 2014年9月第3次印刷
ISBN 978-7-5672-0210-8 定价:6.00元

苏州大学版图书若有印装错误,本社负责调换
苏州大学出版社营销部 电话:0512-65225020
苏州大学出版社网址 http://www.sudapress.com

漫漫人生路　殷殷寄语情

邹荫辛

三百多年前，明代文学家冯梦龙，以开拓的精神编著并刊行了成系列的短篇话本小说集“三言”，其中第二部名曰《警世通言》。它通过四十篇故事，寄托编著者对人生的深入观察与思考，启发人们遵守和弘扬那个时代的道德，受到了当时和后世广大读者的欢迎。而今，在我们面前，又出现了一本由三笑（郭以根）君所著的《警语人生》。虽然这本书的体裁是格言体，内容是富含当今时代特色的哲理，与《警世通言》完全不同，但就其同属于对人生的思考、同样谋求有益于世道人心而言，二者在某种程度上还是有相近之处的。正由于这一联想，我觉得《警语人生》的面世更有意义，也备感欣喜。

展开《警语人生》，我们看不到令人生厌的“只准做什么”的清规，也看不到令人生畏的“不准做什么”的戒律，而只看到著者在向读者诉说他自己观察思考人生的心得体会。这些体会共六百多条，有长有短，恰似“大珠小珠落玉盘”，呈献给读者共同分享那熠熠的理性的智慧，从而也起到了提醒或忠告人们走好人生道路的作用。

我们在阅读本书时，自然可以分节分条地咀嚼和品味，各取所需，各有所得。不过，为了获得更好的学习效益，我想也不妨先认真通读，从总体上把握全书的基本精神，以便在具体问题上理解得更透彻一些，实践时更自觉一些。以我的浅见，本书似乎贯串着一根“红线”，那就是“做人”。有关的主要论述集中在书的第二部分，这里是全书的核心所在。著者精辟地指出：“做人的成功是人生的最大成功，做人的失败是人生的最大失败。”“得和失，成和败，贯穿人的一生，也影响人的一生，但并不决定人的一生，决定人一生的根本问题是做人成功与否。”那么，“做人”的精义是什么呢？书中通俗而又深刻地回答：“人不容我我容人，人不助我我助人，人不敬我我敬人，这样你一定能成为大写的人。”的确，如果人人都这样做人，我们的社会不就更加光明、更加幸福了么！

究竟怎样具体地践行“成功做人”的原则呢？本书首先从“警示”的角度提出“人生真正的风险在自己”，并把这方面的阐述列为书的第一部分。我以为，这种安排表达了著者的独到见解和良苦用心。诚如书中所言：“人的真正敌人是自己，真正的救星也是自己。”思想上明确了这一重要前提，我们才可以自觉地实践书中一系列规避风险、成功做人的忠言：

——“深思慎行”，牢记“言行没有‘轨道’的人难有自由”；

——“克己则安”，懂得“勇于向自己开刀是真正的勇士”，“不战胜自我，人生所有的路你都走不好”；

——真心“容人”，坚持“以责人之心责己，以恕己之心恕人”，明白“容他人所短比学他人所长更为重要”；

——“养心”“归零”，深刻理解“敢于归零是一种胸怀，善于归零是一种智慧。恩怨归零，收获宁静；得失归零，赢得淡定；功过归零，换得轻松；名利归零，净洁心宁”。

在现实生活中，常见有些人士深陷“名、权、利”的漩涡而难逃风险。对此，书中恳切地提醒：“名、权、利能迷人、诱人、醉人，也能伤人、毁人、杀人”；继而又一语中的，入木三分：“贪欲是忧愁和痛苦的发源地”，“千方百计满足贪欲，就是千方百计寻找痛苦”；再进而大声疾呼：“贪欲一闪念，放纵毁终生”，“纵欲必亡”！想来，那些被名缰利锁牢牢拴住者，那些被权财贪欲迷糊心窍者，倘能读到这些语重心长的忠告而有所反思，大概会迷途知返，摆脱风险的罟。

当然，要充分践行“成功做人”的原则，仅靠规避风险是不够的，还必须如本书第三部分所述，积极地“重德”，努力培养高尚的人格。书中十分形象地告诉我们道德的重要性和人格的价值：“大地上的绿洲离不开水，人生的绿洲离不开德”，“鱼，真正的危机是没有水；人，真正的危机是没有德”，“人格的光环是世上最美丽的光环”。另一方面，本书也从忧患意识出发预敲警钟：“道德的衰败是社会的真正衰败”，“道德危机是一切危机的根源”，“重德必兴，缺德必危”！那我们该怎么办呢？书中主张必须从加强儿童的德育做起，呼吁家长们“要望子成‘龙’，先望子成‘人’”。为此，建议“父母给孩子一块‘金砖’，不如让他真正懂得一句人生哲理”。书中还有一句意味深长的忠言：“如果现在父母把孩子当‘皇帝’，孩子将来就可能把父母当‘奴仆’。”对于某些溺爱孩子的家庭来说，这种提醒还是比较及时的吧。

道德和人格自然不可能是“无根之木”。因而本书最后安排了第四部分“永远不要丢‘根’忘‘本’”，把我们的认识引向更深的层次。请听书中诚恳的话语：“一个人，无论多么富有和权贵，都不要丢‘根’忘‘本’。这‘根’，就是我们中华民族的传统文化；这‘本’，就是养育我们的人民大众。”基于此，本书主张：对人民大众和传统文化的“感恩教育应成为所有人的必修课”，强调“不懂得感恩和责任就不懂得人生，丢弃了感恩和责任就是丢弃了人生”。我个人觉得，这些观点确实提出了道德教育和人格教育的本质要求，值得有关方面重视和研究。书中还连带地表达了对为“官”者的期望：“民利不可占，民意不可欺，民权不可夺，民心不可失。”寥寥数语，饱含着老百姓的心声，也许可供公仆们铭之于座右罢。

《警语人生》内容丰富，涉及许多问题。我在以上所领悟的脉络和采撷的警句只是出于个人肤浅的认识，未必恰当，而且很可能挂一漏万。读者诸君径可各自精研，作出更好的概括，以收融会贯通之效。

无论用何种方式来阅读这部书，我们都可以从字里行间感受到著者的热忱。我还记得二十多年前认识郭以根同志时的一些情景，他那源于高度社会责任感的对广播电视事业的热情，就很让我钦佩。今年重逢，看到他虽已退休多年，但对社会的责任感依然未减。正是出于这种殷殷之情，他才能用心血写出这样的好书奉献给读者，并和大家一道在漫漫人生征途上奋然前行。

明代冯梦龙的《喻世明言》《警世通言》和《醒世恒言》至今仍被看做是中国通俗文学园林中的“奇葩”。我想：现在这部《警语人生》，以及她的姊妹篇《笑语人生》《哲语人生》一起问世以后，如再根据广大读者的反映和意见适当作些“修剪”，也有可能成为当代出版物之林中的“常青树”吧！

（邹荫辛，江苏省广播电视新闻研究所原所长、高级编辑，全国广播电视系统著名专家、学者）

Contents 目录

人生真正的风险在自己

深思慎行

◎人,言行的"底线"就是人生的"高压线"。

◎人的言行如果没有"底线",那他这一生很可能险象丛生。

◎财要洁,事要义,行要仁,言要睦。

◎言行没有"轨道"的人难有自由。

◎三思而后言,三思而后定,三思而后行。

◎语言廉价,人格就不会珍贵。

◎套话是假话中的一个品种。假话骗人,套话误人。

◎语在心,人是它的主人;语出口,它是人的主人。深思慎言,修身养性之道也。

◎交浅言勿深,利微情勿淡。

◎祸从口出。讲话不但担风险,还要担责任。三思而后言。

◎声色，就是人形象的“广告牌”，小看不得。人可能因声色得福，也可能因声色得祸。

◎对说话办事轻易拍胸膛的人要多打一个问号。

◎音容笑貌，言谈举止，就是一个人的人格，小看不得。

◎靠说假话过日子的人，他一生中最大的受害者还是他自己。

◎说谎的人最累，诚实的人最轻松。

◎公开撒谎，无异于公开投毒。

◎一个人如果信口开河，那他自己的本相就让人一览无余。

◎学会说话是一门大学问，做人就从学说话做起。

◎嘴巴不是传声筒，眼睛并非照相机。人，应冷静观察，慎言慎行。

◎兴衰在一念，成败在一言。

◎假话不值钱，说假话的人更不值钱。

◎讲成绩不要“爆米花”，做计划不要“吹气球”。

◎知耻雪耻，前途无比；知错犯错，必招灾祸。

◎仗势欺人的人，往往不知道自己姓什么。

纵欲必亡

◎乐极生悲，欲过必危。

◎无欲则刚，纵欲必亡。

◎贪欲会让人永远浸泡在无边的苦海中。

◎人一旦钻进名、权、利的魔窟，就会与兽类同伍。

◎贪婪者把自己送进牢笼，把生命交给魔鬼。

◎驴驮的东西再多都不是自己的。人生短暂，追求应该有度，否则，追求越多越痛苦。人不是驴，人不能成为驴。

◎世上的诱惑太多，如果因为诱惑改变了人生的志向，那这一生人就会苦不堪言。

◎人生没有黄金并不可怕，可怕的是为了黄金不要命。

◎一个人，没有追求是平庸的，什么都追求是愚蠢的。

◎誉过，毁；言过，伪；权过，危；计过，鬼。

◎名、权、利把握得好是个宝；把握得不好是把刀，杀人不见血的刀。

◎虎死于骨，豹死于皮，人毁于贪。

◎贪欲一闪念，放纵毁终生。

◎名、权、利能迷人、诱人、醉人，也能伤人、毁人、杀人。

◎人在名、权、利的沸水中泡得越久，人生的快乐就越少。

◎贪欲是忧愁和痛苦的发源地。

◎欲望膨胀是一切罪恶的根源。

◎人生最大的蠢事是把自己有限的生命，投入到无限的追求中去。

◎贪婪，让人生所有通道都痛苦不堪。争斗，让世间所有场合都刀光剑影。

◎过度自由就没有自由，过度快乐就不会快乐，过度自我就失去自我。

◎死神总是眷恋那些抱着名、权、利睡觉的人。

◎物欲极度膨胀的人精神必然枯竭。

◎乐极无乐,欲极祸至。

◎见利忘义,可恨;见利忘危,可笑;见利忘本,可耻;见利忘命,可悲。

◎贪欲者最先把自己送进牢房。

◎一切都围绕钱转的人往往找不到“家”。

◎千方百计满足贪欲,就是千方百计寻找痛苦。

◎物欲泛滥越严重,精神财富就越值钱。

◎不能选择往往痛苦,选择过多也许更加痛苦。善于选择是一门学问,是人的生存智慧。

◎富极多忧,权重多险。

◎溺爱入苦海,欲炽进火坑。事事皆有度,处处应留神。

◎不贪为宝,不奢是金。

◎枉法者是拿自己的性命当“烧烤”,贪赃者是用自己的血口吞食自己的良心。

◎欲不可绝,亦不可纵。抑情欲,节食欲,寡权欲。

◎物质财富再多，只能保证人生存，不能保证人生活。

◎物质要富有，精神莫贫穷。

◎在物欲横流的社会里，很难找到金光灿烂的“明珠”。

◎名、权、利像“食品”，几乎人人都离不开它；名、权、利又像“毒品”，多吃贪吃危及生命。

◎贪婪者必短命。

◎清官神“富”，贪官魂“贫”。

◎人生真正的丰收是情感的丰收、道德的丰收、人性的丰收，而绝不是名、权、利的丰收。

◎人生的辉煌是为国为民多作贡献的辉煌，绝不是个人升官发财的辉煌。

◎物质生活过于奢侈，精神世界往往贫穷。

克己则安

◎人的许多“火坑”“陷阱”是自己给自己建造的。

◎得意忘形者实质上是在给自己准备“后事”。

◎有德不必彰，有权不必狂，有钱不必横，有理不必扬。

◎得意不忘形，得福不忘恩，得势不忘本，得志不丢根。

◎受辱须止怒，得誉防轻狂，厚德莫乐极，重失莫悲长。

◎有钱要助人，有权莫欺人，有理要让人。

◎我“轻”平安在，我“重”险象生。

◎保持谦和的美德，等于给自己穿上一件“防弹服”。

◎不义之财不取，不义之权不要，不义之人不交。

这是做人之道，也是安全之道。

◎多助他人，多爱他人，多敬他人，你就会少走许多“独木桥”。

◎和善，是抵挡灾祸的“救生圈”。

◎一个人，看不清自己比看不清敌人更危险。

◎没有信誉的人是“旱鸭子”浮水，时刻有沉没的危险。

◎明己、察己、正己是最好的爱己，也是最好的护己。

◎不战胜自我，人生所有的路你都走不好。人的真正敌人是自己，真正的救星也是自己。

◎人不为己，天诛地灭；人只为己，也天诛地灭。

◎讳疾忌医，是骗人害己。讳“疾”比“疾”本身更可怕。

◎人，行善行恶是自己决定的；上天堂还是下地狱也是自己决定的。别人给你建天堂总是暂时的，只有自己亲手建天堂才是永久的。

◎和融向善是人最好的“护身符”，无私奉献是人永远的“救生圈”。

◎人生，千难万险。难在自己，也险在自己。只要人能认真排除来自自身的艰难险阻，世上其他艰难险阻都不在话下。

◎坑人害己，骗人毁己。

◎明“我”者清，浊“我”者昏，重“我”者苦，舍“我”者乐。

◎人生成败，成在自己，也败在自己。

◎恶人头上时刻悬着一把利剑。

◎勇于向自己开刀是真正的勇士。

◎死不认错等于给自己绑上“炸药包”。

◎顽固护短，就是自觉服毒。

◎无我而活，难；唯我而活，难上加难。

◎苗怕烂根，人怕丢“魂”。

◎人的一生，被别人“扳倒”的很少，被自己“扳倒”的很多。

◎一个人，别人再夸也夸不倒，自己却可能把自己夸倒。

◎自己没有“根”，即使攀上大树往上爬，迟早也会枯死。

◎一个人的伟大之处在于始终能清醒地认识自己、把握自己。

◎错误并不可怕,可怕的是死不认错和一错再错。

◎贪小利误大事,寻短见毁终生。

◎慎独者播种安祥。

◎人不自爱,必有祸害。

◎总想给自己加"光环",说明他没有"光环";总想给自己树权威,说明他没有权威。

◎人最可怕的不是有病,而是有了病不承认、不去治。

◎社会的真正危机来自治理社会的人自身的危机。

◎人把权力变味,权力就让人变质。

◎人让权力改姓,权力就让人改魂。

◎跌倒并不可怕,可怕的是从此再也站立不起来。

◎总是让人扶着走路,时刻处于危险之中,脱离危险的最好方法是自强不息。

◎人生许多事情是自己败在自己手中。

◎靠投机钻营往上爬的人天天在"走钢丝"。

◎人,成于忧患,败于安乐。

◎天堂和地狱都是人自己建造的，进天堂和下地狱也是人自己决定的。

◎一个人如果能真正做到知耻、羞耻、雪耻，就能顶天立地，无往而不胜。

◎大风先吹倒脚跟不稳的人。

◎听风就是雨的人，经常遭风吹雨打。

◎人从懂事的那一天起就在努力防避风险。风险究竟在哪里？人生的真正风险，在外更在内，在人更在己。

◎战胜自我，唯此为大。

◎一个人要想平安无事地活在世上，就必须时刻注意低头。把自己看低些，再低些，这就是做人成人的准则。

◎看低一点自己，能少些名利，多些清醒；少些自满，多些谦逊；少些放纵，多些约束。

◎“热”而冷能让人清醒；“冷”而热能让人执著；冷热无常能让人崩溃。

养身贵在养心

◎心平常，人平安。心宁静，人稳健。

◎喜欢斤斤计较，烦恼不请自到。

◎心灵污浊，穿着龙袍也不光彩，住进豪宅也不安全。

◎天道无私，回报善良者以鲜花，回报丑恶者以锁链。

◎爱人就是爱己，护人就是护己，害人就是害己。

◎万民所指，无疾而死；万民所爱，青春常在。

◎“精神没落”是自己给自己判“死刑”。

◎一个人如果把爱洒向人间，人间处处有他的保护神；一个人如果把“害”留给他人，这个人走到哪里也不会安全。

◎人身的自由在解放自我、净洁自我、强大自我中获得。

◎孤独苦于清贫。孤独本身也是一种清贫。

◎"心狱"苦于"地狱"。

◎一个人心里没有自由，无论在哪里都像在"坐牢"。

◎人有万贯家产，不如有一生快乐。

◎欢笑是一种价值连城的精神财富。人生若能在欢笑中度过，就是最大的幸福。

◎快乐是长生不老药。

◎金山好买，乐心难得。

◎获得快乐就是获得了人生真正的黄金，失去快乐就失去了人生真正的幸福。

◎没有乐观向上的生命态度，就难有美好的生命价值。

◎快乐是成功之母。

◎没有大笑的人生是断了电的灯。

◎人生真正的"仙境"就在每个人心中，要找"仙境"就在自己心上找。"仙境"源于淡泊宁静。

◎心乐为天。

◎沉浮千古事，进退一笑之。

◎心的解放是真正的解放，心的自由是真正的自由，心的温暖是真正的温暖。把握好心态永远是人生第一位的工作。

◎敢于归零是一种胸怀，善于归零是一种智慧。恩怨归零，收获宁静；得失归零，赢得淡定；功过归零，换得轻松；名利归零，净洁心宁。

◎心病缠身的人离死神最近。

◎笑着活是生命的全部，活着笑是社会的一切。

◎人，哭着来是正常的，哭着“走”是可悲的。

◎既能笑着活又能笑着“走”的人生就是成功的。

◎一个人，名誉地位都可以变，但良好的心态不能变。心态是支撑人言行的“基石”，也是健康的基石。

◎平淡是宝，平常是金，平安是福。

◎如果人能笑对厄运，就可以无往而不胜。

◎与其泪眼观日，不如笑看蓝天。

◎不明心见性，难返璞归真。

◎锋芒毕露伤自己，春风化雨暖他人。

◎静中念虑澄澈，闲中气象从容。

◎乐境胜于仙境。

◎知足常乐，终生不辱。当止即止，终生不耻。

◎养护“精气神”比养护身体还重要。

◎慈爱是一帖“良药”。

◎心中老窝着烦恼，等于养了个“家贼”，它会悄悄偷走你的幸福。

◎没有患得之心，就不会有患失之苦。

◎后悔是最难吃的一剂苦药。

◎心宽福常在，量小多祸端。

◎一个人只要心上没有“山”，世上就没有过不去的“岭”。

◎世上没有不顺的弯，也没有不弯的顺；顺时要想到弯，弯时要看到顺。

◎世上最难平的不是大海而是人心，只要人心不公平，世界就难有安宁。

◎经验可靠，但不是任何时候都可靠。

◎熟悉的路上往往容易摔倒。

◎知识可以变成智慧，但知识并不等于智慧。

◎发现自身的缺点比发现自身的优点还珍贵。

◎对待得失的正确态度比得失本身更重要。

◎只要土地在，总有适合它的种子，也总有适合它的收成。

◎不要过多地羡慕别人，不要过少地羡慕自己。

◎不要让批评成了棍棒，也不要让鼓励变成枷锁。

◎日子过得越“小”，快乐就越“大”。

◎享受生活，主要是享受生活的细节。能从细节中品出味来的生活才充满情趣。

◎让“爱”悄悄走开一会儿，这样爱的味道会更甜美。

性格脾气影响人的前途、命运

◎偏激孤僻者往往钻进“死胡同”。

◎骄横的人常常把自己推上悬崖。

◎孤僻的人孤立的是自己，毁灭的也是自己。

◎偏激者不见“棺材”不落泪。

◎“认死理”的人一辈子都在“死胡同”里碰壁。

◎不战胜自我难以自尊，不净洁自我难以自信，不跳出自我难以自强。

◎脾气性格是人的重要素养，万万小看不得。脾气性格往往决定人生成败。

◎伟大自己，寸步难行；渺小自己，海阔天空。

◎孤僻自傲的人必定走“独木桥”。

◎头脑不转弯的人常被现实的墙碰得头破血流。

◎人，因自觉而成长，因自满而堕落。

◎净化自我、缩小自我就是最好的关爱自我。

◎冷静是恩师，冲动是魔鬼。

◎死不听别人劝告的人是真正的聋子。

◎固执己见者总是一个人在“独木桥”上行走。

◎死要面子结果一定是没面子。

和融处事，方正做人

◎能容天下的人方可为天下所容。

◎处人处事，躁火者焚，思寡者冰，凝执者死，和融者兴。

◎清浊并容，雅俗共赏。

◎容他人所短比学他人所长更为重要。

◎容人是聚心，学人是聚智，助人是扬善，尊人是立德。

◎无容人雅量，难成就辉煌。

◎气度高旷但不要疏狂，思想缜密但不应纷杂，情绪恬淡但不能枯单，志节磊落但不必偏烈。

◎春风解冻，和融化冰。

◎处人待人，要不变中有变，变中有不变，该方则方，该圆则圆。

◎待人勿太枯，做事勿太苦。太枯人自远，太苦事难成。

◎善退者，进；善舍者，得。

◎立身要超俗，处事要重情。

◎路让一步天地阔，味减三分滋味鲜。

◎清廉又能容，仁慈却果断，明智不苛求，刚直不骄横。

◎以心暖人，以德化人，以情动人，以行感人。

◎做事要“四冷”：冷看、冷听、冷察、冷办。冷者，冷静也。

◎气圆行方，胆大心细。律人不攀高，律己不就低。

◎以责人之心责己，以恕己之心恕人。

◎忠实做事，朴拙做人。

◎如果你用宽容自己的态度宽容他人，他人一定会加倍敬佩你；如果你用苛求他人的态度去苛求自己，自己一定会得到他人的加倍亲近。

◎树立别人，提升自己；损毁别人，降低自己。

◎人，能严于律己就是爱自己，能宽厚待人就是爱他人，能奉献大众就是爱社会。

◎如果你能留点空间给别人，就是留了许多机会给自己。

◎无信天地小，友善能通神，人生万里行，步步要走稳。

◎小事淡胜负，大事论输赢。

◎是非放眼量，恩怨莫计较。人生多坎坷，豁达最重要。

◎能坚持忍者，没有什么事办不成的。忍是一种强大的力量。

◎你若能在是是非非的课堂上得高分，就一定能成功。

◎斤斤计较是一个无底的泥坑，如果人真正陷进去就难有美好人生。

◎处事，感情要蕴藏在理智中；处人，感情要表现在理智上。

◎人际间的大量矛盾是认识水平上的差异，而不是道德品质上的优劣。

◎世上许多是非界限不是对错之分，而是角度差异。

◎总是在鸡毛蒜皮小事中做文章的人，难以成就大事业。

◎聪明的人选择最有利的事做，智慧的人选择最合适的事做。

交恶，宝变草；交善，草变宝

◎宁失金山，莫失善良。

◎交恶，宝变草；交善，草变宝。

◎交往见真情，交换见人品，交接见风格。

◎真诚为本。

◎真爱是默默奉献的代名词。

◎自知者明。人生，成为别人的知己，难；成为自己的知己，难上加难。

◎诚可攻伪，实可破虚。

◎宁为小人毁，不为小人迷；宁为君子责，不为君子容。

◎无求之善金不换，无私之爱能换金。

◎不真正懂得对方的价值和地位，就谈不上对他的尊重和热爱。

◎造福他人，也能使自己富有。

◎小事善解，大事包容；人气无量，前程似锦。

◎真爱无须回报，要回报的往往不是真爱。

◎真正的爱是享有不是占有。

◎不要做让朋友嘴上说不出心里不愉快的事。

◎能在一起相处是缘分，能在一起长期相处是福分。

◎恭敬了别人，庄严了自己。

◎知己比黄金更珍贵，世上真正难觅的是知己而不是黄金。

◎总盯着别人的缺点和总盯着自己的优点一样危险。

◎要想富足，就要常找自身不足。

◎总是想占小便宜的人，最终一定吃大亏。因为他在许许多多小便宜中把自己给卖了。

◎人与人之间的交往,需要利益疏通与交换,更需要心灵与情感的交融与沟通,后者比前者更加重要。

◎克己要永不满足,助人要常找不足。

◎如果听到朋友的批评,你应感恩,因为他在帮你;如果听到朋友的赞扬,你应愧疚,因为他在促你。

◎喜欢没有限制,利害却应选择。

◎稳健致远。

◎朋友交往,心里空间可以有大小,但都不必加锁;感情色彩可以有浓淡,但都不能掺假;认识水平可以有高低,但都不应歧视;物质往来可以有轻重,但都不要计较。

◎不要光考虑从他人那里得到什么,而应时刻想到为他人做点什么。

◎现代信息拉近了人与人之间空间与时间的距离,却拉大了心灵之间的距离,这是个值得警惕的信号。

◎在天空有线牵着的风筝是自由的,但这种自由是有约束的,挣脱了这种约束,它就失去了自由。人活在世上和风筝在天上一样,为了自由也一定要接受约束。

做人的成功是人生的最大成功

生命态度决定生命质量

◎如果心上总罩着“阴云”，生命中就难有“晴天”。

◎“四季如春”是人生，“六月雪”“正月雷”也是人生，而且是难以回避的人生。

◎既能吃蜜糖，又能啃黄连；既能享用灯红酒绿的盛宴，又能面对“风雨雷电”的考验：这才称得上精彩人生。

◎春光明媚、鸟语花香是人生的好风景：风雪交加，荒原草地也是人生的好风景，而且是独特的好风景。

◎人的生命态度决定人的生命质量。

◎色、香、味、形俱佳才是丰盛宴席，酸、甜、苦、辣都有才算是美好人生。

◎人生真正的好东西是不能上货架出售的，凡是上货架出售的都算不上人生真正的好东西。

◎快乐人生不是人生没有痛苦，而是有了痛苦很快会被快乐消融。

◎人生没有一步路是平坦的，都是认真走好才平坦的。人生没有一件事是没有风险的，都是用心做了才避免了风险。

◎世上最美的花就是你心中永远盛开的那一朵，世上最优秀的人就是你始终仰慕的那一位。

◎人，可以不成功，但不可以不成长。

◎只要你坚定不移勇往直前，世界都会为你让路。

◎人生的任何事都是从一个决心，一粒“种子”开始的。

◎一个人真正能传世的东西只有一件，那就是“无形资产”。

◎遇到一次灾难不等于一生落难，只要你能挺胸昂首，希望就在前头。

◎只有高尚的人才能真正感悟到高尚人的情怀。

◎有海一样胸怀的人才能真正感知海的浩瀚，有山一样壮志的人才能真正感知山的雄伟。

◎贤者拥有黄金，金价会因此增值百倍；庸者拥有黄金,金价会因此一落千丈。

◎淡中见真味,凡中见英杰。

◎把逆境当仙境,视逆言为格言。

◎人生许多失败,往往是败在自己的心态上,不该要的要,不应争的争,不必占的占。结果,自己葬送了自己。

◎当你真正进入快乐境界时,哪怕它空间再小,在你面前呈现的就是无际的天空。

◎一个人要想平平安安地过一辈子是很难很难的。

◎当一个伟大的信念在你心中深深扎根时,你所有失去的东西都会变成一种享受,一种崇高无比的快乐的享受。

◎人,该看穿的要看穿,该放弃的要放弃。

◎“心狱”比“地狱”更可怕。

◎人生的真正风险就在人们认为没有风险的那个地方。

◎人,舍不得放下的东西往往最应该放下,不应该追求的往往拼命追求。

◎懂得选择是人生的一门大学问,也是人的一种品格和智慧。

◎伟大来自平凡，丢失了平凡也就丢失了伟大。

◎尺无长短而知长短，人无贵贱应明贵贱。

◎露重飞难进，风多响易沉。人生路坎坷，最宜着轻装。

◎人世间，凡风光的地方都风险，凡风险的地方都风光。而人们往往迷恋风光而忽略风险。

◎人生最可悲的事是终生无乐可言。

◎再穷的人也有自身的“金矿”，只在于自己能否发掘。

◎想避免一切风险本身就是一种风险。

◎做事会有风险，什么事都不做风险会更大。

◎美魂比美容更重要。魂不美，行难美。

◎护美则美，护丑则丑。

◎爱可以胜过生命，但绝不可以胜过责任——家庭的责任，社会的责任，做人的责任。

◎人生真正的好东西是不需要加锁的，凡是要加锁的东西大多数是为别人准备的。

◎不怕平凡，就怕平庸。

◎失败是人生不可避免的，勇敢地面对失败是无比可贵的。不能接受失败的人很难有成功可言。

◎人，总是踩着松软平坦的路一定走不远，总是品着甜美可口的蜜一定长不壮。

◎不能因为外面黑我们该发光不发光，也不能因为外面冷我们该送暖不送暖。发光是做人的本分，送暖是社会的责任。

◎小家的温馨令人心醉，总醉心于小家就会有愧。人，没有高远的志趣，生命无味。

◎人，伟大不伟大让历史去讲话。理，是真还是假，让实践去检查。

◎过于“涂脂抹粉”，是爱美，更是怕丑。

◎饥渴时你会深知水的价值，危险时你会备感安全的重要。

◎不播种就想丰收，“田”就要“荒”；不劳动就想获得，“心”就会“脏”。

◎只要你心中有团不灭的“火”，事业的“灯”一定会长明。

◎急处站稳，高处看清，险处留神。

◎廉谦圆融立业,倔强执拗失机。

◎忧危出圣贤,厄运出人杰。

◎转眼消逝的美色,不如清淡持久的芬芳。

◎逆境不忘乐,顺境不忘忧。

◎进取要有木石心,生活需要云水情。

◎抢功推过,必遭灾祸。

◎知足的人永远不会贫穷。

◎重要的未必永恒,永恒的也不一定重要。

◎成不足自限,获不足自誉,失不足自悲,败不足自毁。

◎人不要不在乎自己,也不要太在乎自己。

◎低调做人,高调做事。

◎人要看重输赢,又要淡化输赢。人世间没有一个真正的赢家,也没有一个真正的输家。

◎如果别人吃亏,你可以记住;如果别人得利,你可以忘掉。

◎人只要不知足就永远有烦恼。

◎轻易原谅自己就是轻易损毁自己。

◎警醒是人格升华的一个重要阶梯。

◎不能忍辱负重的人永远做不成大事。

◎人不容我我容人，人不助我我助人，人不敬我我敬人，这样你一定能成为大写的人。

◎人生常常处于无常、无名流动的风雨之中，只有时时自立自警方可安稳前行。

◎虽不足却满足，虽需求却无求，这是伟大而可贵的人格力量。

◎人的定力就是船前行的舵，人没有定力就等于船没有舵。

◎压力是一种使命和责任，压力是一种向上的力量。

◎成功源于细微，细微决定成功。

◎一个自己都站立不起来的人无力救助他人。

◎哗众可能取宠，也可能失宠。

◎心田需要不间断滋润，人生需要时时提醒。

◎心灵中不要播撒谎言的雨点。

◎卓绝的成功往往是在苦难中诞生的。

◎乐观者时时有机遇。

◎追求太完美的爱情，找不到恋人。

◎复杂的事情可以简单化，简单的事情不要复杂化。

◎精神上真正富有的人物质上一定不会贫穷。

◎竞技场上真正的失败是心态的失败。

◎专爱吃“浮食”的人一定会饿肚子。

◎真正聪明的人不会耍“小聪明”。

◎宁住自建的茅舍，莫恋贪来的豪宅。

做人的成功是人生的最大成功

◎做人的成功是人生的最大成功，做人的失败是人生的最大失败。

◎人生的成功，主要是做人的成功，是先做人后做事的成功。离开“做人”，所有成功都算不上真正的成功。

◎如果你要无愧于人的称号，一定要把和融和向善作为毕生的追求。

◎人生，最甜是心甜，最苦是心苦。只要心里不苦，其他苦都不在话下。

◎没有人情，缺乏人味，即使登上皇位，守着金山，也逃不脱悲苦二字。

◎人生四大境界：和、善、乐、静。

◎人，来到这个世上不易，一定要多品人味，多讲人话，多做人事。

◎人生三个“金不换”：快乐，金不换；自由，金不换；健康，金不换。

◎对“人”字负责，为“人”字添彩，这是人生最重要的事情。如果这一点做不好，就无权言及其他。

◎没有信仰的民族是没有希望的，没有信仰的人也是没有希望的。

◎人的一生，被别人管得不自由的是少数，被自己管得不自由的是多数。

◎人生的幸福指数往往和“做人”指数成正比，做人不成功，难有幸福可言。

◎真诚做人，圆融处事。

◎要学会做人，先懂得如何爱人。

◎人的胸怀决定人的未来，胸怀即前途。

◎一个人不对自己负责，就谈不上对他人、对家庭、对社会负责，而对自己负责的根本问题是战胜自我、走出自我。

◎人活着是重要的，懂得活的真谛更为重要。

◎人生路不长，走好不容易。

◎在生命的白纸上，认认真真地写好“人”字。

◎人性的残缺是人生的最大悲剧。

◎人生最值钱的是健康，比健康更值钱的是人生的方向。

◎钱可以翻来覆去地数，人无法翻来覆去地活。

◎人生，有些事要“讲究”，有些事则要“将就”。不讲究往往要吃亏，不将就有时要招祸。

◎一切“唯我”的人，不会有光彩的事业，更不会有光彩的人生。

◎人生的真正“经典”是做人的学问和智慧。

◎在人生旅途中，两点之间最短的距离不一定是直线。

◎拥有生命不等于懂得生命。

◎人生失去方向,就等于失掉自己。

◎不要期盼人生路上都是鲜花,都是鲜花就不是人生路。

◎一个人在不知不觉中丢掉了人的本色,就好像在不知不觉中患了癌症一样可怕。

◎得和失,成和败,贯穿人的一生,也影响人的一生,但并不决定人的一生。决定人一生的根本问题是做人成功与否。

◎一个人如果做人不成功,其他一切成功都算不上真正的成功,因为它不是“人”的成功。

◎别让自己成功太快、成熟太晚。

◎成功的偶然,往往成为失败的必然。

◎优秀的人事业成功,卓越的人生命圆满。

◎人际关系是人生最难写的一篇文章,也是最重要的一篇文章。

◎不懂得幸福的含义无法享有幸福,不理解人生的含义也无法过好人生。

◎在任何时候、任何情况下，都要把握好人生的航向，绝不能偏离做人的轨道。

人生，收获过程比收获结果更重要

◎人生真正美好的东西是在追求进程中获得的。

◎有的人种“豆”得“豆”，有人的种“豆”得“金”。为何？得“豆”者是把“得”只盯在结果上，得“金”者是把“得”贯穿到从种到收的全过程。

◎人生，收获过程比收获结果更重要。

◎人生的过程比结果更重要。珍惜人生首先要珍惜过程，没有美好的人生过程，人生就毫无意义。

◎人生真正的含金量在过程中，不在结果上。可惜的是人们往往重视结果而忽视过程。

◎享受人生主要是享受过程，书写人生也应该着力书写过程。只要过程美好了，结果不美好也是美好的；过程不美好，结果美好也算不上美好。

◎努力提高人生分分秒秒的含金量，是最聪明、最智慧的人生选择。

◎珍惜人生就要从珍惜当下的分分秒秒做起。放弃了人生过程中的分分秒秒，就是放弃了人生；浪费了人生过程中的分分秒秒，也就等于浪费了人生。

◎只有懂得人生，才能珍惜人生。

◎享受人生过程比享受人生结果重要千万倍。

◎只有真正懂得人生价值，才能自觉珍惜人生过程中的分分秒秒。

◎盲目地度过人生是痛心的，麻木地走完人生是可悲的。

◎人世间，所有美丽而宝贵的东西都蕴藏在它生长发育的过程中。珍惜过程、收获过程就等于完美地收获了结果。

◎人，在战胜险恶中变得聪明，在排除艰难中收获坚强，在迎接挑战中增长智慧，在消除痛苦中享受快乐。

◎当你把一种工作只当成任务时，它是枯燥的、死板的；但如果你赋予它一种生命时，它就有了灵魂，它就成了你的“恋人”。

◎如果成千上万的人说你“伟大”时，你真的认同了，此时的你就真的“傻”了。

◎许多人失败不是因为他没认真做事，而是做了自己不熟悉、不胜任的事。

◎一个有才能的人有可能出成果，但并不一定出成果。出成果的前提是勤奋并且目标始终如一。

◎失败是什么？失败是靠近成功的堤岸。成功是什么？成功是穿越失败的曙光。

◎你应该永远是自己的爱人。

◎时间可以把人带走，人却无法和时间牵手。

◎你如果心情好，小鸟叫你觉得它在唱歌；你如果心情不好，小鸟叫你认为它在吵架。人没有好心情，生活中就难有好风景。

人生可以平淡，但不能平庸

◎没有苦难和风险，人生难有生机和精彩。

◎人世间所有“大道”都没有终点。

◎没有苦难和风险，几乎没有人生。

◎即使肌体不能舒展，心态一定要舒展；即使行动不能自由，心灵一定要自由。

◎一个人，要什么苦都能吃，什么罪都能受，什么福都能享，这样的生命才有生机活力，光彩夺目。

◎人生大部分时间是平淡的，但平淡并不缺少快乐和幸福，只是要用心品味。

◎生活平淡点不要紧，但不能平庸。

◎只要眼前的每一步都走得很好，人生就一定会美好。

◎失去的、得到的都不一定是幸福，真正的幸福是对生活的正确认识与感悟。

◎生命只有一次，每一步都是整个人生。

◎来到这个世界上，每个人都可以自由选择不同的活法，但无论如何不要偏离“人”的轨道。

◎人有时糊涂是精彩，有时精彩也是糊涂。

◎只要好好做人，不管是官是民，是富是贫，都各有各的活法，各有各的快乐，各有各的精彩。

◎人生真正值得关注的不是自己拥有多少资产，而是自己拥有多少智慧。

◎真正可怕的不是自己失去了多少权利，而是自己丧失了多少人气。

◎人的活法各有千秋，快乐各有异同，追求千差万别，但只要好好做人，平凡人也有精彩人生。

◎花朵总是静悄悄地开，美好的人生无需炫耀和张扬。

重德必兴 缺德必危

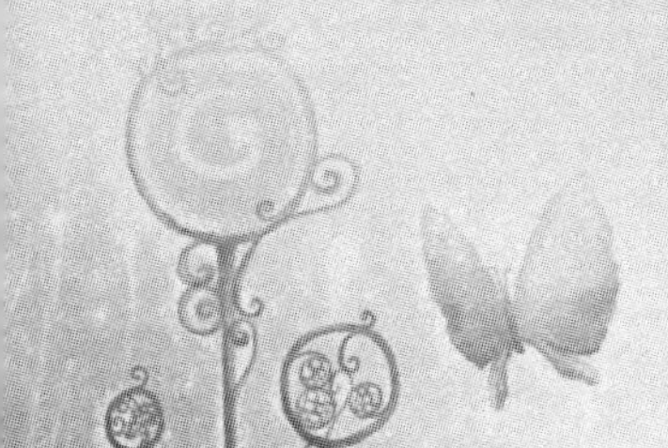

要望子成“龙”，先望子成“人”

◎甘愿父母为自己当牛马的儿女，连牛马都不如；甘愿为子女当牛马的父母，他们养活的将是一群牛马。

◎父母心目中钱比天大，孩子心目中就天有钱大。

◎要望子成“龙”，先望子成“人”，成“人”比成“龙”更重要、更实际。

◎父母现在的言行，可能成为孩子未来处世的范本。

◎父母教育孩子最重要的就是教他们好好做人，只要这一条做好了，就算尽了最大的责任。

◎儿女“啃老”心安理得，为人一定缺少道德。

◎孩子从小最应该看到的是父母如何做人，父母老来最应该看到的是孩子已经成人。

◎育人是最大的救人，育己是最好的救己。

◎孩子一个好的品德养成，胜过几个优秀的学分。

◎只要孩子品质好、身体好，不愁他们长大没饭吃。

◎少年得志不如大器晚成。

◎恩惠要自薄而厚，威严应先紧后宽。

◎节义陋室出，俊才苦寒成。

◎如果现在父母把孩子当“皇帝”，孩子将来就可能把父母当“奴仆”。

◎父母给孩子一块“金砖”，不如让他真正懂得一句人生哲理。

◎孩子在父辈的宝座上爬得越高，他在百姓心目中的位置就越低。

◎过早锁定孩子成长“模式”，等于把小鸟装进笼子。

◎家福从“孝”起，业兴靠心齐。

◎不孝敬父母，难以报效国家；不报效国家，也难以孝敬父母。

◎儿女让父母欢心，胜过给父母黄金。

◎一个人只爱小家不爱大家，其结果会损毁了小家也失去了大家。

◎在“甜水”中泡大的孩子最好要让他喝点“苦水”，在顺境中长大的孩子要设法让他走点“弯路”。

◎磨难应该是人生的一部“经典”。

◎父母对孩子爱得太急切，爱的热流可能会冲出恨的“鸿沟”。

◎让孩子乖乖地听从父母不容易，让父母认真听从孩子更难。

◎子女理解父母的火热心肠很重要，父母懂得孩子的纯洁心灵更加重要。

◎不理解父母难以尊重父母，不懂得孩子难以教育孩子。

◎不真正懂得“苗苗”，就无法培育“苗苗”；不真正理解“园丁”，就无法报答“园丁”。

◎父母与子女两代人之间的“鸿沟”很大程度上是成熟与成长间的差异造成的。不能以成熟要求成长，也不能以成长抵制成熟。成熟与成长的平衡点在于相互理解与尊重。

◎“家风”是“社风”的侧影，“社风”是“家风”的根源。

◎教育的最大难题是教育者要真正懂得被教育者，尊重被教育者。

◎无的放矢、隔山打炮是教育的一大弊病。

◎不在学业和德行上求进取，却在吃穿玩乐上攀高峰，这是校园中的一股邪气，也是社会刮进校园的歪风。邪气抬头，令人发愁。

◎如果坚持"学分挂帅"，教育必定失败。只要追名逐利办学，教改一定夭折。

◎没有一流的校风，就没有一流的人才。

◎低级的教育，育不出高端的俊才。

◎教育如果没有希望，国家的未来也不会有希望。教育如果没有前途，国家的未来也难有前途。

◎金钱一旦主宰教鞭，教育的冬天就即将来临。

◎高尚的品格比高档的衣着更美丽、更动人。

◎钱袋空荡荡，衣着争高档，一些学子的这种追求令人深思。

◎真正能打动人的是一个人的学识和品格，而不是衣着穿戴。

◎父母总是把儿女的冷暖时刻放在心上，儿女千万不要把父母的恩惠搁在一旁。

◎儿不嫌母丑,人莫弃国贫。

◎儿女自有儿女福,父母不要当马牛。如若父母当马牛,儿女未来难幸福。

不要让孩子输在起跑线上

◎家长给孩子在起跑线上的压力越大,对孩子的期望值越高,就越不利于孩子健康成长。

◎孩子在起跑线上的输赢,并不能决定孩子人生的输赢。

◎孩子人生起跑线的定位,主要的不是知识和技能,而是品德和健康。

◎家长不能把眼光只盯在孩子的起跑线上,而要更多地考虑孩子怎样才能健康地成长。

◎孩子学习文化和知识不是越多越好，而是学得越快乐、越有兴趣越好。

◎孩子成功的第一步，应该在快乐和兴趣中获得。逼着孩子在痛苦中学习，不是疼爱而是伤害。

◎品德和健康是孩子成长最重要的基础，这个基础打牢了，其他问题就不难解决。

◎孩子学习如果没有快乐和兴趣，就难有自觉和动力。

◎家长对孩子一定要多激励、鼓励、勉励，多引导、指导、诱导，绝不能动不动就批评指责。

金钱能爱人，也能害人

◎钱能把人送进天堂，也能把人送进地狱。

◎钱和权都是“双刃剑”，善用能增光添彩，滥用会家破人亡。

◎名、权、利是人世间的“三座大山”。上山难，下山更难，稳居山顶难上加难。

◎没有钱难以生活，只有钱无法生活。

◎权力和金钱能使人步入圣境，也能让人进入坟墓。

◎金钱能让人变鬼，真爱能让鬼变人。

◎舆论被金钱左右，可恶；法律被金钱左右，可悲；人格被金钱左右，可耻。

◎名、权、利火爆的时候，真、善、美一定被冷落。

◎黄金的光泽往往和使用者的品质成正比。

◎舍一分烦恼得一分轻安，舍一分钱财得一分快乐。

◎为了升官冒险去“通天”，为了发财舍命去“盗宝”。名利助了这些人，也毁了这些人。

◎拐骗欺诈者毫无廉耻，“买官”“卖官”者丧尽天良。

◎痴迷跪拜名利的人，生命中一定没有真正的“黄金”。

◎做工作可以得到钱，但不能只为了钱，只为了钱去工作难有创造和希望。

◎宴席上的“热气”映照出社会的风气。一些人挥霍公款的“豪气”，暴露出腐败的“臭气”。

◎如果一个人、一个民族不顾一切地狂热追求物质财富，那就一定会陷入穷途末路。

◎靠钱引路，必走邪路。

重“德”必兴，缺“德”必危

◎没有德行的人无论在哪里也不安全。

◎缺德必危。

◎道德危机是一切危机的根源。

◎道德是事业兴盛之根本，也是人生安全之保证。

◎没有道德“得”，是刀架在脖子上抢食吃。

◎没有道义的买卖是拿生命在做赌注。

◎精神荒芜是人类的真正荒芜，道德的衰败是社会的真正衰败。

◎有德，陋室春暖；无德，华堂暑寒。

◎无德之誉是灾，无德之财是祸，无德之举是罪。

◎没有“仁、善、正、义”的富有不是福气，而是灾祸。

◎道德清正，盛世不衰。

◎道德之光灿烂的时代，一定是人类的幸福时代。

◎大地上的绿洲离不开“水”，人生的绿洲离不开“德”。

◎“公德”的生命在于公民都能自觉践行。

◎缺乏公德的典型表现是只喊不做。

◎“血荒”的背后是“德荒”。

◎天道无私，常与德人。

◎德在人先，利在人后。

◎助人是一种美德，更是心灵的一大享受。

◎生活在道德之中是最安全最快乐的。

◎道德是人类真正的“长明灯”。

◎道德崩溃是人类真正的穷途末路。

◎民是官之本，德是官之魂，文是官之根，才是官之身。

◎官，有德才会爱民，无德必定害民。

◎有情才会暖，有德自然香。

◎鱼，真正的危机是没有水；人，真正的危机是没有德。

◎真爱可以消融心中的严寒，美德可以驱散心灵的黑暗。

◎社会如果让正义与道德受委屈，文明一定会哭泣。

◎浮躁如果成了一种社会风气，道德就步入了危险的境地。

◎如果没有人格的保证，科技不只是最大的生产力，而且很可能成为最大的破坏力。

◎孝，是天下第一美德。

◎用心为人，是一种美德；用心克己，也是一种美德，而且是更为重要的美德。

◎事业是银，父母是金。

◎深埋在人民大众心中的功德是不朽的。

◎社会福利，人人有份；社会问题，人人有责。

◎人格的光环是世上最美丽的光环。

◎伟大的成功往往不是才智，而是人格。

◎只为自己开的花，没有人会喜欢它；只为自己活的人，没有人会尊重他。

◎豪华不等于高尚，高尚却是一种独特的“豪华”。

“人品”即艺品，“人魂”即艺魂

◎真、善、美是艺术之魂，更应是艺术家之魂。

◎真正的艺术是无价的。

◎利益的“水”如果变成艺术的“血”，艺术的末日就即将到来。

◎“人格”即艺格，“人品”即艺品，“人魂”即艺魂。

◎拍卖场上的追逐并不是艺术家的追求，拍卖场上的辉煌也不是艺术家真正的希望。

◎艺术的真正价值在懂得艺术、尊崇艺术人的心上，不在拍卖场上。

◎人世间真正的美是用心品味出来的。

◎美，很诱人，但诱人的却不一定美。

◎朴实无华本身就是一种光华。

◎欲知琴中意，需明琴外音。

◎靠炒作走红的“星”，像纸折叠的花朵，虽然好看但没有生命。

◎真正的艺术家，追求“纸上宝石”“书中精灵”。

◎真正美的音乐是用心演奏的。

◎军队是有形的武装，文化是无形的军队。

◎“星”光灿烂可喜，“星”光黯淡可悲。

◎没有“枪杆子”国家危险，只有“枪杆子”国家更危险。

美丑一念，祸福一线

◎美丑一念，祸福一线。人，平安和危险，幸福和灾祸，快乐和痛苦，美好和丑恶，往往就是在这“一念一线”中抉择。

◎世间最可恶的事莫过于出卖良心。

◎恶念如恶狼，时时需提防。

◎真与伪，美与丑，只差一步之遥。

◎不怕酒醉就怕自醉，不怕色迷就怕自迷。

◎拥有的怕“失”，没有的想“得”，这一得一失可能困扰你一生。

物极必反

◎恩过无恩，情极无情。

◎爱，过于自私必自灭。

◎浓过无味，亲过无亲。

◎“暴富”等于“暴病”，“暴富”是致富中的一种“癌症”。

◎尽责为贵，越责有罪。

◎安过则危。

◎没有钱，人的生活痛苦；只有钱，人的生活无比痛苦。

◎惧险有险，贪安无安。

◎大大则小，小小则大，大离小，小；小离大，大。

◎甜酒醉人人不防，甜言伤人人不知。

◎思勿死，言勿偏，爱勿泛，情勿滥，功勿狂，是勿彰，非勿护，欲勿贪，玩勿癖，饮勿暴，食勿单，交勿杂。

◎退让无度，必招灾祸。

◎依赖越多，风险越大，自由越少。

◎乐则忧之，安则险之，富则俭之，亲则疏之，贵则贱之，官则民之，杰则凡之，顺则曲之。

◎亲过难和，和极难亲。

◎淡极无味，浓极也无味，甚至变味。

◎爱情是自私的，但过于自私必自灭。

◎浓处味常短，淡中趣独真。

◎没有自由独立空间的爱情是带着镣铐“跳舞”。

◎水沸易蒸发，情沸易虚幻。

◎自长者短，自短者长。

◎亲亲则疏，疏疏则亲；亲就要疏，疏才能亲。

◎苦中有乐，乐中有苦；无苦无乐，无乐无苦。

◎相爱双方，“绳索”越多，快乐越少，后果越糟。

◎爱，自然才会健康，自由才有快乐，自发才能持久。

◎你在自己心中位置愈高，在他人心中位置就愈低。

◎糖多不甜，味重不鲜。

◎穷极无玄妙，至难出于易。

◎真爱并不都是甜蜜的，都是甜蜜的不一定是真爱。

◎如果把真爱只当“糖”吃，不但是幼稚的，而且是危险的。

◎幸福的“甜水”从来都是从“苦井”中流淌出来的。

◎追求绝对完美就会失去完美。

◎浓夭淡久。

◎满过溢，刚过折。

◎酒满不加滴，桥危不加重，事危莫犯急。

◎位盛危至，否极泰来。

◎怨因德彰，仇因恩立。

◎多疑生“鬼”，多心招“匪”。

◎弓满折，月满缺，人满跌。

书山有路"疑"为径，学海无涯"用"作舟

◎苦难是一所没有老师的学校。

◎读书可以读成"龙"，也可以读成"虫"；书中自有"黄金屋"，书中也有"茅草棚"，关键在怎么读，为什么读。

◎书山有路"疑"为径。读了书不用心思考，提不出问题，算不上真正读书，也没有出路，没有前途。

◎学海无涯"用"作舟。不使用，不消化，知识就不能扎根，不能成为营养。读的书再多，也只能算个"书橱"。

◎不认认真真读好"世上"这部活书，其他书读得再多，也难为其人。

◎经典绝不能照搬照用，能照搬照用的绝不是经典。

◎毁灭经典的最好办法就是把它当歌唱,当神供。

◎知识是头脑中的“书”,智慧是唐僧身上的肉。

◎经典给人们指引前进的道路,但并不是所有前进道路都来自经典。

◎经典是智慧的结晶,但不是智慧的结束。

◎真理的大厦永远不会封顶。

◎没有一部医书能包治百病,也没有一部经典能包治天下。

◎《西游记》洋洋几十万言,核心讲了八个字:“艰难困苦,玉汝于成。”

永远不要丢『根』忘『本』

永远不要丢“根”忘“本”

◎一个民族如果丢掉了传统文化这个根基，就会招致灭顶之灾。

◎传统文化是我们中华民族的“根”，不懂得传统文化就是不懂得“根”。一个人不懂得“根”是可悲的，丢掉“根”是非常危险的。丢金丢银莫丢“根”，伤筋伤骨莫伤“魂”。

◎一个人，无论多么富有和权贵，都不要丢“根”忘“本”。这“根”，就是我们中华民族的传统文化；这“本”，就是养育我们的人民大众。

◎人，无论飞多高，都不要丢掉支撑自己的“根”；无论走多远，都不要忘记养育自己的“本”。没有“根、本”，自己一事无成。

◎人的最大危险是不知道自己姓什么，最大耻辱是丢掉了自己的老祖宗。

◎发达者应该永远铭记，人民大众是自己永远的、真正的恩人，千万不要忘恩负义，忘恩负义就是背叛。

◎无论多高的山都是大地托起的，无论多伟大的人都是人民养育的。

◎传统文化是我们灵魂的生命线，是我们中华民族不朽的精神长城。

◎以人为本，以人心为本。

◎长江、黄河是我们的母亲河，也是我们民族精神的象征，作为中华民族的炎黄子孙，无论走到哪里，都不要忘记我们民族精神，都不要忘记“母亲”养育我们的大恩。

◎一个人如果他心田“荒芜”，他的事业就不会兴盛。一个国家如果民族精神和民族文化丢失，这个国家就谈不上振兴。

◎人生三个不能愧对：不能愧对老天，不能愧对祖宗，不能愧对恩师。

◎天网恢恢，疏而不漏；天眼炯炯，明察秋毫。人民大众就是我们的“天”，我们永远都不要背离“天”的意愿。

◎一个人在民众心目中的分量，映照出他人生的贵贱。

◎巧手难织无眼网，好雨难救无根苗。

绝不能忘恩负义

◎不懂得感恩和责任就不懂得人生，丢弃了感恩和责任就是丢弃了人生。

◎忘恩负义的人，始终被危险包围着，走到哪里也不安全。

◎成功的花朵是感恩，没有感恩之心就谈不上真正成功。

◎忘恩负义的人往往“端起碗来吃肉，放下筷子骂娘”。

◎忘怨不忘恩，忘功不忘过。

◎一饮之恩终生不忘，一衣之暖永世铭记。

◎感恩教育应成为所有人的必修课。

◎人，吃什么都不可怕，最可怕的是吃掉自己的良心。

◎人，可以缺许多东西，但一定不要缺德行。

◎懂得感恩是一个人、一个民族最基本的素养，也是最重要的素养。

◎忘恩负义的人不管向谁跪拜都是一种欺骗。

◎一块救命的烧饼，胜过一车动听的空话。

民本思想是权之纲，官之魂

◎在“民心工程”上建立丰碑的人才是真正的伟人。

◎民利不可占，民意不可欺，民权不可夺，民心不可失。

◎好官囊中空，好人一家清。

◎有些人政绩的光环很迷人，但它的成因却不可见人。

◎"一人得道，鸡犬升天。"得道者丢根败主，升天者欺世盗名。

◎口号喊得太多是心虚的表现。

◎民心是秤。

◎只要你把百姓刻在心上，百姓心上也会刻着你。

◎权力能使人腐化，也能使人净化，能让人成"人"，也能让人成"鬼"，关键在怎么用、为谁用。

◎衡量一个人、一个群体好不好，不需多看别的，只需认真考查其是否真正得人心、有人气就足够了。

◎"民本"兴，国家兴；"民本"亡，国家亡。

◎人人都"正心"，国家定复兴。

◎国民的素养是国家振兴的"基石"。

◎民本思想是权之纲，官之魂。"民本"兴，国家兴；"民本"亡，国家亡。

◎民本思想确立如何，是衡量社会制度优劣的最重要标志。让人民大众“活着笑”是所有当权者最重要的责任。

◎富家要想到兴国，兴国要不忘富家。

◎国之强强在物质，更强在精神；人之富富在金钱，更富在灵魂。

◎民本思想的确立不是写出来喊出来的，而是用心血铸造出来的。

◎争权夺利的高手，一定是祸害百姓的罪魁。

◎考察一个领导干部形象好不好，只要看看他的团队和家人的形象就足够了。

◎政权的杠杆如果都被金钱腐蚀，社会的大厦倾覆的日子就不会太远了。

◎人民群众真正当家作主的时代，一定是兴盛无比的时代。

◎一个干部如果为民掌权，他的业绩就是“功德碑”；如果以权谋私，他的业绩就是“耻辱柱”。

◎梦寐以求想让自己“伟大”的人，最终往往不“伟大”；即使自认为“伟大”了，在人民大众眼里还是一文不值。

◎“伟大”是人民大众心底里迸发出来的颂歌，不是舞台上演练的口号，更不是涂抹在纸上的金粉。

◎真想“伟大”“不朽”的人，就老老实实去当人民大众的公仆。公仆当好了，你在人民心中就站立起来了。

不要在历史的宝镜前“作秀”

◎历史是沉重的，只有真正回到历史中去才有资格评述历史。

◎轻易否定历史必遭历史否定，随意捏造事实定被事实严惩。

◎历史是人民大众的历史，只有人民大众才有权评判历史。

◎历史是时间的产物，只有时间才能全面验证历史。

◎不要用历史的“金”贴自己的脸，也不要用现实的“剑”刺历史的人。

◎按自己的口味去“品”历史的“菜”，“菜”必变味；用自己的“镜子”照历史的“脸”，“脸”会变形；按自己嗓门唱历史的“歌”，“歌”会跑调；凭自己的好恶说历史的“人”，“人”就变样。

◎历史的宝典往往是奇妙的，投机钻营拼命想留英名的人往往留下骂名，无意留名默默献身的人常常留下美名。

◎历史能留存下来的只有文化、文明、文物，其他都会像风一样来去无影无踪。

◎讲历史讲什么？讲人。讲人讲什么？讲魂。魂立历史立，魂散历史散。

◎人民群众是真正的英雄，但英雄创造了历史却常常得不到应有的待遇，这可能是历史的玩笑。

科学和文明是人类的真正希望

◎科学被冷落的地方，假丑恶一定疯狂。

◎谁蔑视科学，谁就自取灭亡。

◎文明在哪里？就在冲破黑暗的那个地方。

◎信仰危机是一切危机的导火索。

◎文明在哪里安家，哪里就兴旺；愚昧在哪里驻脚，哪里就遭殃。

◎世风的改变，前行如推着石磙上高山，倒退像沿着陡坡滚泥蛋。

◎假丑恶横行的时代是真正的黑暗时代。

◎假丑恶泛滥，人类必遭灾难。

◎穿过“陋俗”的壁垒比翻越一座火山还艰难。

◎麻木地葬身于世俗的陋习之中是人生的一大悲剧。

◎“知法犯法”和“知毒吸毒”一样可恨。

◎狗咬人，人不能咬狗。

◎伟大的精神凝聚伟大的力量，伟大的力量创造出伟大的业绩。

◎文明一旦僵化，就一定是愚昧。

◎人人安心，社会安定；人人自卫，社会垂危。

◎在弄虚作假的环境里，真话受罪，“真人”受气。

◎真正的创造没有样板，真正的创举没有先例。

◎有些东西粗看是美好的，深察却是丑陋的；有些东西粗看是丑陋的，细品却是美好的。美丑的结论简单不得，片面不得。很可惜的是，人世间许许多多东西都被人们简单化、片面化了。

◎健康是真正的美。不美的东西往往不健康。

◎流水不腐给人真正的启示是：前进是一种净化。

◎心里“黑暗”的人走到哪里也见不到光明。

◎凡生命力很强的东西是压不垮的，被压垮的往往是没有生命力的。科学和文明就是在战胜腐朽和黑暗中光芒四射的。

◎良知不能昏睡，道义不能色盲。

◎人生一大苦痛，是有良知的人生活在无良的境遇之中。

治理环境先治理人心

◎要想拥有青山绿水的生态，必须保持“青山绿水”的心态。

◎心灵的生态环境不净洁，社会的生态环境不可能净洁。

◎治理环境先治理人心。

◎要想解决大气污染，就要首先解决人们精神上的污染，人们精神上的污染不解决，即使大气污染解决了还会再污染。

◎许多“现代病”是现代污染造成的。高度重视并着力解决现代污染是现代化进程中的重大课题。

◎心灵上的"沙尘暴"比金融风暴更可怕。

◎心灵不"环保",生态难以环保。

◎一个地方真正的名片是碧水蓝天,气清人和。

◎人要疼爱自己,更要疼爱大地。疼爱大地也是疼爱自己。

◎人类要实现碳平衡,必须先实现人的心态平衡。

◎净山,净水,先净心。

◎挥金如土者,不懂得"金"的地位;惜"土"如金者,深知"土"的价值。

◎人心不洁,环境必污。

◎护理地球,先护理人心。

◎挥金如土是一种罪过,惜土如金是一种功德。

◎背离人心是最大的背叛,热爱百姓是最高的忠诚。

◎地球"发烧",是因为人类"发烧";地球"冰冷",是因为人类"冰冷"。

◎要爱人,也要爱地球;地球平安,人类才能真正平安。

◎天、地、人为人间"三杰"。"三杰"和融,人间繁荣。

后 记

说起写书,得从我的笔名“三笑”说起。我和笔杆子打交道已经几十年了,发表的作品也不少,但用“三笑”这个笔名还是第一次。长期以来,我养成了爱思考、爱学习、爱动笔的习惯。无论工作多忙,我都会把学习的心得随时记录下来,哪怕是乘车、吃饭、睡觉时也不例外。这些点点滴滴的感悟,只言片语的收获,简单整理一下,就有厚厚几大本子。它,成了我宝贵的精神财富,常常在需要的时候从我心底涌现出来。记得在儿子的婚礼上,我即席讲话时,面对众多亲朋好友,我激动地对儿子和儿媳说:“祝你们‘笑对人生,笑度人生,笑得人生’。”话音刚落,迎来一片热烈掌声。自那以后,一些老朋友见我时竟叫我“三笑”了。就这样,朋友无意的玩笑，成了我对自己“有意”的爱称。

“笑对人生，笑度人生，笑得人生”是我对孩子的希望，也是我几十年人生追求的写照。多少年来，我面对人间的沧海桑田、人生的酸甜苦辣、社会的风风雨雨，常常思考着“人生”这个重大问题。什么是人生？怎样才能过好人生？人生的意义究竟是什么？人生的真正幸福在哪里？……这一切，经常在我脑海中翻腾。为了找到答案，我请教老师，我钻研“经典”，我用眼睛认认真真地看“世上”这部“活书”。我深知，人生短暂而宝贵，每个人来到世上都期盼能过上幸福生活，但是，面对生存的种种需求、生活的种种压力、社会的种种诱惑，人们往往活得很累、很苦、很烦。我明白，人和自然界一样，处处有“崇山峻岭”，常常会遇到“风雨雷电”。人，在生命的进程中，常常进退两难，举步维艰。许多人总希望平平安安，但挫折、失败、灾祸常与他们不期而遇。我看到，世上有不少人活着，但并不懂得人生的意义，活得很盲目。各式各样鲜活的人生“轨迹”告诉我，造成人生痛苦、危难、困扰的原因很多，但最根本的原因是主客观矛盾未解决好，而主观原因又是主要的。比如说，人人都希望一生幸福快乐,但什么是人生真正的幸福快乐呢?许多人并不清楚,从而导致言行中有很多误区。再比如说,人们在求生存求发展的过程中,会遇到种种困难、问题,如何去解决呢?许多人回答不了。再比如说,大家都盼望平平安安,可是人生真正的风险在哪里?又怎么预防?许多人很迷茫……

为了和大家共同探讨人生的真谛,认知人生的价值,共享人生的幸福,我花了近十年时间,将几十年来的心得、体会、感悟整理加工,写成了人生系列丛书"三梦"、"三语",即梦思录——《笑语人生》、梦得录——《哲语人生》、梦醒录——《警语人生》。通过这三本书,我想告诉大家:快乐是人生最宝贵的财富,没有快乐,人生就难有幸福可言。人,没有乐观向上的生活态度,就难有美好人生。乐观向上的生活态度,是人在正确思想指导下,在与主客观世界的斗争中确立的。我还想告诉大家:人生的成功主要是"做人"的成功,"做人"不成功,其他都算不上真正的成功;人生的快乐主要是"人"的快乐,离开"人"的快乐,其他快乐都算不上真正的快乐;人生的风险主要是来自"自身"的风险,如果"人"能自觉清除“自身”的风险，其他风险都算不上什么。一句话，我衷心地期望我的书能成为“灵指”，去拨动人们心灵的琴弦；能成为“细雨”，去滋润人们精神的家园。

说句心里话，我原本没有出书的打算。因为我深知如果书写得不好，白白浪费读者的时间，那就对不起人了。浪费时间就是浪费生命啊！但一些了解我的朋友极力鼓励我把人生感悟尽快写出来，为人们共同过好人生作点贡献。我觉得他们说得有道理，就带着几十年来生命中那些宝贵的“贝壳”，踏上了人生丛书的写作里程。

这三本书中，《笑语人生》和《哲语人生》在正式出版之前，我曾试印了若干册，送给亲朋好友，请大家帮我按“脉”把“关”。看了书以后，一些青年朋友说：“这书是人生的‘工具书’，人人都能用上。”“这书是做人、成才、成功的指南针，个个都需要。”一些中年朋友说：“这书是家庭教育的好课本，是新的‘三字经’。”一些老年朋友说：“这书是我们的‘快乐丸’、‘长寿丹’。”特别令我感动与难忘的是，八十二岁高龄的江苏省广播电视新闻研究所原所长、高级编辑，全国广播电视系统著名专家、学者邹荫辛先生看了我的书，亲笔给我写了封长信，信中说："作为老友，我感到您的《哲语人生》总体上是一本很好的著作。它，精练，深刻，大有益于读者个人的修养，有益于社会的和谐，有益于国家的进步，有益于民族素质的提高。这是我发自内心、实事求是的评价，绝不是庸俗的吹捧。我以为您的《哲语人生》一书的精髓在于把辩证法充分运用于观察、分析人生的种种问题之中。这种'运用'能密切结合一般人的生活实际、思想实际，既生动活泼，针对性强，又言简意深，耐人咀嚼与回味。全书洋溢着辩证精神，是名副其实的'哲语'，是睿智的结晶……"

当然，一些朋友也提出了希望、要求和修改意见。所有这些，都成了我前行的巨大动力。

值得一提的是，我的三本书有两本是在浙江省德清县莫干山上定稿的。莫干山清爽宜人，德清典雅秀美，令人陶醉，给我灵感。借此，我衷心地感谢那里的山、那里的水，更感谢那里助我写书的人。

特别令我激动的是，我的书成稿后，《解放军报》原副总编辑、少将、高级编辑、著名报告文学作家董祥起先生，江苏省广电厅原副厅长、高级编辑、全国广电系统著名专家、学者韩泽先生，江苏省广播电视新闻研究所原所长、高级编辑、全国广播电视系统著名专家、学者邹荫辛先生分别为我的《笑语人生》、《哲语人生》、《警语人生》作了序，这给了我很大鼓励和鞭策。值此，特向我敬重的三位老领导表示最真诚、最衷心的谢意。

三　笑（郭以根）

2012 年 3 月 11 日写于苏州